Ahmed Hasnaoui

Le dialogue intérieur

Ahmed Hasnaoui

Le dialogue intérieur

Éditions Muse

Imprint

Cover image: www.ingimage.com

Publisher:
Éditions Muse
is a trademark of
Dodo Books Indian Ocean Ltd., member of the OmniScriptum S.R.L Publishing group
str. A.Russo 15, of. 61, Chisinau-2068, Republic of Moldova Europe
Printed at: see last page
ISBN: 978-620-3-86561-5

Le dialogue intérieur

Introduction

Le langage, un moyen de communication propre à la race humaine. Avant l'élaboration des langues qui prévalent à travers les quatre coins du globe, les gens communiquaient par le moyen des gestes, ce moyen a presque disparu au fur et à mesure que les langues se sont perfectionnées. Néanmoins, les gestes au jour d'aujourd'hui restent un moyen très efficace pour individu muet et mal entendant. Le cinéma, à son début était muet et les cinéphiles devinaient les paroles selon le déroulement des scènes du film à travers : les gestes ; les sourires ; une attitude qui laisse entrevoir un étonnement etc.

....

Le langage à lui seul ne suffit pas pour conserver des informations précieuses de bouche à oreille, à travers les générations. Il a fallu l'invention de l'écriture, des lettres qui reproduisent le son formé par la bouche, dans toutes les langues. Des individus qui ne maitrisent pas leur langue maternelle existent bel et bien, quant à exceller dans une langue étrangère, mieux vaut se taire que d'aborder ce sujet.

Volontaire et disponible pour perfectionner son langage afin d'accéder à un savoir, universel, n'est pas l'apanage de tout un chacun ; les partisans du moindre effort ont toujours existés et le seront jusqu'à la fin des temps.

....

Un enfant essaye de son mieux d'apprendre et user de sa langue afin d'entrer en communication avec ses parents. En prenant de l'âge. Les uns usent à bon escient de leur bouche et font comme un avare qui compte ses sous à ne débourser qu'en cas de nécessité absolue. Certains gens, pour avoir eu des mésaventures, se murent dans un mutisme et observent un silence religieux. Leurs contraires sont des gens, à la langue pendante, qui dissertent sur n'importe quoi. De faux savants tiennent un langage qui flotte en surface d'une science qu'ils ne maitrisent guère et étonnent plus d'un des profanes. Néanmoins, une critique constructive éclaire et aide énormément les citoyens afin de mieux vivre.

....

Faute d'énergie, cas de maladies, on se tait ; une énergie débordante délie la langue pour être utile ou à jouer au mariole. Ainsi, on relate, à qui voudrait étendre, ce qu'on a sur le cœur ; on se plait à décrire un rêve, utopique, sur un sujet susceptible de voir la lumière du jour.

On fait part à un tiers d'un quelque chose, et ce dernier nous ridiculise à tel point de ne plus ouvrir le bec une autre fois. Et commence alors un ruminement intérieur du matin jusqu'au soir ou à des heures creuses. Le mal pourrait s'étaler dans le temps et revêtir un caractère insolite de quelqu'un qui

soliloque en cachette, et cela dans bien des cas, dérive vers la folie, faute d'une solution qui tient compte, parfois, de toute une existence menée dans l'erreur. Il n'est pas ici question de l'image que nous nous faisons des autres mais de la nôtre comment elle est perçue par les membres de notre environnement.

....

Le dialogue intérieur est ce qu'il y a de mieux pour une personne saine de corps et d'esprit. il permet de faire le point avec soi ; la nuit porte conseil, on évalue une situation, riche en événement durant le jour, on approuve tel comportement, y compris le nôtre, avec possibilité de rectifier le tir, un réajustement.

Sans le dialogue intérieur il y a une répétition de : gestes ; paroles ; réussite ou échec ; c'est là un état qui caractérise un individu idiot, sans possibilité d'aller de l'avant.

Toutefois, si une personne passe le cap de ce dialogue intérieur, il y a péril en la demeure de ce dernier.

....

Mais qu'elles sont les causes qui font déborder un vase pour étaler au grand jour quelque chose de sérieux ou n'importe quoi avec soi-même en cachette avec un comporte qui avoisine la folie ?

C'est l'objet de ce bouquin qui décortique ce sujet et essaye d'apporter quelques solutions.

Chapitre : 01

Depuis quand Mr. Itemtem se parle à lui-même ? Aussi loin que remontent ses souvenirs, il a toujours été comme çà. Pourtant, cette pratique a bien commencé un jour. Il suffit qu'il soit seul pour que sa bouche s'ouvre pour ne plus se refermer et s'arrêter de disserter. Sur n'importe quoi ? Non. A peu près le même sujet qui revient à chaque fois, abordé sous un angle différent, mais s'inscrivant dans un même ordre d'idées ; rares sont les occasions où Mr. Itemtem sort de l'ordinaire pour changer de registre. Il est surtout question de caresser un espoir qui lui tient à cœur. Parfois c'est carrément un mélange d'un discours vieux comme le monde qui revient, ponctués, à intervalle régulier sur un fait d'actualité, mais il est tout de suite balayé pour renouer avec l'ancien sujet ; une hantise sans commencement ni fin.

....

Des gens qui se parlent à leur personne pullulent à travers les quatre coins de la planète, sans distinction de race ni de couleur. Il est parmi eux des analphabètes et des érudits à en juger d'après la qualité du langage, dans leur langue maternelle ou en langue étrangère, on les rencontre un peu partout en ville ou en rase campagne. A tue -tête ou simplement entre les dents, dès qu'ils sentent la présence d'un individu dans les parages, ils se taisent, n'empêchent qu'ils renouent avec leur discours une fois seuls.

....

Un discours ambigu que tiennent les gens qui soliloquent à longueur de journée et tard dans la nuit jusqu'à épuisement pour sombrer dans un sommeil profond.

Une pratique occasionnelle pour certains individus lesquels, une fois leurs problèmes résolus, retrouvent une vie normale. Ils disent après temps avoir fait une traversée du désert. La vie, en ce qui les concerne, a fait comme suspendre son vol pour se figer dans l'espace et dans le temps. Tout s'articulait autour d'un quelque chose, un problème épineux ; une sorte d'engrenage d'où il est très difficile de s'en sortir.

Chapitre : 02

Mr. Itemtem se remémore vaguement qu'un jour, alors qu'il entamait ses 12 ans, rangé devant la porte pour entrer en salle de cours à l'école, du fond de lui-même il a commencé à rêver à l'état d'éveil. Il s'est vu passer l'examen pour l'entrée au collège d'enseignement moyen et s'est vu réussi. Tout s'enchaina dans sa tête pour se voir réussir au brevet et faire une entrée au lycée et puis réussir au bac. En l'espace de quelques minutes d'attente il a fait comme bruler toutes les étapes et risquer un pied dans le monde des adultes. Ce rêve a fait comme s'évaporer une fois assis à sa table d'écolier.

....

Juste après les vacances d'été et la rentrée scolaire le jeune Itemtem a eu un problème qui a fait que son nom soit rayé de la liste des élèves qui passaient à la sixième année. Timide qu'il était, il resta dans son coin à ruminer durant toute la journée. Son frère ainé ayant eu vent de sa mésaventure alla voir le directeur et tout rentra dans l'ordre. C'était là les prémices d'un dialogue intérieur qui allait prendre de l'ampleur pour déborder de son conteneur.

....

Hasard ou destin, Mr. Itemtem tomba malade et il est allé voir un médecin, sans succès aucun. Un deuxième et un troisième n'ont pu diagnostiquer un mal qui sautait d'un organe à un autre ; une aventure qu'il a vécue. Il se revoit trainant d'un toubib à un autre, assis dans des salles d'attentes, et pendant que les autres patients discutant de la pluie et du beau temps, lui essayait de sérier tous les maux qu'il charriait dans son sillage, rien que dans sa tête. Au sortir du cabinet de Mr. le toubib et voilà que le jeune Itemtem se remémore avoir oublié un ou plusieurs troubles dont il n'a pas fait mention.

Chapitre : 03

Beaucoup plus tard le dialogue intérieur devenait insuffisant. Mr. Itemtem a dû extérioriser un autre mal venu tout d'un coup, tel un cheveu choir dans son potage de vie. Peut- on parler d'handicap mental ? Peut-être que c'est le cas.

Ce qui est sûr c'est le fait que le moi profond de Mr. Itemtem en a subi un sérieux coup, presque irréparable.

....

Le dialogue intérieur, dans bien des cas, ne suffit pas ; le bien comme le mal jouent là un rôle important. Les uns chantent leur bonheur fou ou étalent leur misère en vers ou en prose. On parle de la pratique d'un métier voire de carrière professionnelle sur fond de : ... cela permet d'évacuer un trop plein d'énergie sinon de l'air chargé d'impuretés circulant dans un circuit fermé. Ça soulage un tant soit peu ; mais ce n'est guère une solution.

A un degré plus grave, Mr. Itemtem a rencontré un bonhomme qui écrivait sur les murs, tout ce qui lui passait par la tête, sur tout support qu'il trouvait sur son chemin : des plaques de signalisations ; des poteaux électriques ; murs des immeubles etc. au moyen d'un crayon marqueur, indélébile, durant des centaines de mètres il a écrit : Zoubida n'est pas là ; Saliha est venue ; aicha et Ourdia ne font qu'une ; hier j'ai voyagé ; dans quinze jours... il fait beau d'après ce que je vois...

Et de continuer...

....

Il est d'autres formes d'expressions genre extériorisation d'un dialogue intérieur ne pouvant s'inscrire dans un circuit fermé. Les uns s'adonnent à la boisson alcoolisée ou fument un joint faisant réaliser des pièces de théâtres ou des films. Eux ou elles jouent le rôle principal, seulement le son n'est pas claire et beaucoup de mots sont avalés ; il y a interruption d'un discours qui laisse, peut-être, place à une réflexion profonde, un regret d'un quelque chose. La reprise aura une autre connotation du fait que le sujet du dialogue intérieur a changé de registre et le discoureur a oublié où il s'est arrêté.

Chapitre : 04

Rares sont les gens qui se contentent de ce que le bon Dieu leur a donné. Tous aspirent à avoir d'avantage. A les écouter parler de leur personne, le mot : je n'ai pas de chance, revient sur toutes les lèvres. Cependant, lui, Mr. Itemtem ne peut être qu'un cas particulier. Ce qui l'a amené à se parler à lui – même est quelque chose de vraiment grave. Tous les ingrédients, en effet, sont réunis pour briser quelqu'un de plus implacables. A un moment donné, il est arrivé à ne plus croire aux propos entendus ou images vues.

Quelqu'un, un psychologue, a parlé de personnes qui vous côtoient et qui sont de grands bouffeurs d'énergie. Mr. Itemtem a vécu sous le même toit durant plus de 41 ans avec des gens pour avoir la profonde conviction sur la vraie nature de son ennemi. Et pourtant cet ennemi lui souriait ; lui tapait sur l'épaule afin d'approuver, une fois n'est pas coutume, son comportement. A un moment de son existence, Mr. Itemtem n'arrivait plus à prendre une décision quelconque. Les cartes ont été brouillées et la descente aux enfers a commencé.

....

Les gens méchants sont toujours malheureux. A voir certains ne desserrant jamais les lèvres on pense qu'ils ont le cerveau consacré à une réflexion profonde. La vérité est que beaucoup d'entre eux n'ont rien dans la tête. Mr. Itemtem en a connu un de ce genre, un collègue de travail, alors qu'il était toujours en service. Ils sortaient ensemble pour consultations et prospections de marchandises pour achats et enlèvements. Ils faisaient des kilomètres aller- retour, Mr. Rabah, de son nom, restait muet comme une carpe. Le soir, ce dernier regagnait son domicile sans émettre un seul son de sa bouche ! Lui, Itemtem, à défaut de ruminer intérieurement essayait de créer une ambiance de convivialité lorsqu'il n'avait pas de travail.

Chapitre : 05

Muets, certains individus le sont. Mais, ils font des gestes ; hochent la tête. Debout, ils ne restent pas comme une statue, ils font les longs pas tel un gardien en faction. Ils ont l'air de sourire ou bien on devine, d'après leur mine, quelque chose qui les ronge de l'intérieur. Ils regardent leur montre tous les cinq minutes ; fument cigarette sur cigarette. Rares sont ceux et celles qui se tiennent debout ou assis sans remuer.

....

Il est des gens qui sont avec vous, présents de corps, et leur esprit est ailleurs. Et vous êtes en train de leur expliquer quelque chose de vraiment délicat. Comme par hasard, vous leur posez une question, vous leur faites remettre les pieds sur terre ; ils étaient loin dans leurs pensées.

....

Avant d'arriver à cette situation d'individu branché ailleurs et murmurant entre ses dents, Mr. Itemtem vivait en observateur, en quelque sorte, enregistrant sons et images sans faire le point avec sa personne de ce qui se passe autour de lui. De ses problèmes il ne faisait part à personne. Ainsi, en apprenant un jour, comme par hasard, qu'untel étalait sa misère comme dans une vitrine, il s'est étonné. Pourtant, quelques années plus tard, le voilà face à un problème épineux, ne sachant plus où donner de la tête, il s'est mis à raconter aux autres ses mésaventures.

....

D'une manière ou une autre, lorsque quelqu'un ouvre son cœur à autrui il doit s'attendre à être critiqué dans un sens ou un autre. Autre que la vérité blesse, se remettre en cause n'est pas quelque chose qu'on accepte facilement. Mr. Itemtem après plusieurs tentatives a fermé définitivement sa bouche à l'encontre d'autrui pour entretenir un monologue avec sa personne, jusqu'au jour où une frousse le prit et décide de stopper net : le dialogue intérieur, d'accord mais pas un traitre mot qui sort à l'air libre.

Chapitre : 06

------ J'aurai pu foutre mon existence en l'air par le fait que ma langue ne restait pas dans ma bouche à longueur de journée. Je parlais sans cesse ; je chantais ; je faisais le pitre, ceci lorsque j'avais de la compagnie. Tout seul je restais muet. Un jour, cependant, fruit du hasard ou du destin, j'ai acheté un bouquin d'occasion, pour quelque sous. Déjà, durant le trajet, dans le bus qui m'a ramené au bercail, j'en ai lu presque la moitié. Le restant a pris deux ou trois jours. Mais cela a fait germer une idée géniale dans ma petite tête.

L'auteur du bouquin, un clown de profession, a retracé sa vie de A à Z en empruntant un style humoristique. Un langage accessible à tous, je dirai même élémentaire, il a passé en revue, suite à des anecdotes qu'il a eues, tous les métiers dans lesquels il aurait pu exceller, pour en fin de compte faire de l'humour.

....

La lecture de ce bouquin a mis du temps pour produire son effet sur ma personne et opérer un tournant dans le cours de mon existence. Tout à fait comme le clown, je me suis regardé dans un miroir qui reflète ma personne grandeur nature. J'étais depuis peu un simple gratte- papier au niveau d'une grande entreprise. A de rares moments, comme par hasard, l'idée de faire quelque chose me tentait, mais faire quoi ?

....

Lorsque tout va mal avec tendance d'aller de pire en pis, le sujet en question n'a de choix que de ressourcer. Lorsque la source d'un mal profond ne peut être déterminé il y a comme une idée fixe qui torture l'esprit.

---- qui est bien dans sa peau parmi les gens qui évoluent dans mon environnement ?

Je me suis posée cette question, un prélude qui allait m'emmener loin pour entreprendre une étude de la société.

(Propos tenus d'un certain Mr. Talef rayou)

Chapitre : 07

Mr. Itemtem a pris comme exemple Mr. Talef rayou et a essayé de suivre ses traces. Il était loin d'étudier la société à laquelle il appartient--- sachant très bien que sa personne ne pourrait être dissociée d'un tout, la société entière. Mais à toute fin utile, il convient de mettre à nue sa personne en premier lieu. Mr. Talef rayou a parlé de métier qu'on choisit en tenant compte des prédispositions propres à tout un chacun. On est embauché comme apprenti sur le tas ou bien on suit une formation qui a trait à un niveau d'études. Il arrive parfois qu'on arrête la formation ou bien changer de branche. Mr. Itemtem, par ouïe dire a été informé de médecins qui n'ont jamais exercé et suivi une branche commerciale. Lui, par contre, n'a pas eu l'occasion de se chercher et suivre sa vocation. Bousculé en plein dedans d'une fonction, et puis mis avec des collègues de travail qui gardaient leur savoir bien enfoncé dans leur tête ; résultat est qu'il n'a eu que des problèmes.

....

Le fait de soliloquer en ce qui concerne Mr. Itemtem n'est pas sans fondement. Un spécialiste aurait facilement décelé ce qui ne va pas ; il aurait posé les bonnes questions et serait allé droit au but. Hélas, lorsqu'on agit par tâtonnement le mal ne serait déniché qu'après temps. Cette recherche ressemble à un voyage à travers plusieurs lieux : au terrain plat se succède un paysage montagneux, puis une traversé d'un désert ; on s'assoit un moment dans une oasis, puis un vent de sable oblige à quitter les lieux. Au fur et à mesure que passe le temps, l'assurance de soi met les voiles.

....

Une vie à mener d'un bout à l'autre ne peut être sans difficultés. On fait du sur place sans pouvoir démarrer ; on régresse pour tomber encore plus bas et revêtir le caractère d'un individu idiot de son état ; on avance sur la pointe des pieds, et certains avec un peu de patience arrivent à réaliser des miracles, aux yeux des autres, des profanes, alors que tout repose sur une logique, parfois réservées à quelques initiés. Mr. Itemtem a reculé pour mieux sauter.

Chapitre : 08

Cette quête de ce qui cloche a mené Mr. Itemtem à se remettre en cause ; effacer tout et ouvrir une nouvelle page, blanche. Cette difficulté d'adaptation dans le milieu du travail, pour ne citer que cela l'a torturé durant longtemps. Les autres, ses collègues, des méchants surement, mes pas fous. Cependant, il est certains, en connaisseurs d'individus crétins ou jugés comme tels, n'hésitent pas à joindre l'utile à l'agréable. Dans cet ordre d'idées, Mr. Itemtem s'est vu mis au courant des dossiers que lui gère et aussi de ceux gérés par ses collègues ; une très bonne mémoire, source de problèmes et de gros ennuis.

....

Un individu a pris le départ un jour au commencement de son existence et plus particulièrement en prenant conscience de ses difficultés d'actions afin de résoudre des problèmes liés à son évolution, à savoir : de la naissance jusqu'au trépas. Mais ce déplacement comme sur voie est favorisé par un tas d'éléments, on est freiné par moment ou carrément mis sur voie de garage, par d'autres. Mr. Itemtem qui évolue à pas d'escargot concentre toute son attention sur le côté négatif, à savoir :

--- la pauvreté ;

---- la maladie ;

---- la méchanceté ;

---- l'ignorance.

....

Sensibilité inconsciente, vous dites ?

Mr. Itemtem a agi durant longtemps en suivant un instinct presque animal. Cet état de fait est ni plus ni moins qu'une analyse, faite en surface, qui obéit beaucoup plus à un cœur, qui bat la chamade pour un rien qui le chatouille. Il s'est créé un monde où il est question de compassion avec les membres de sa famille qui râlent à longueur de journée. Et pendant que ces derniers vivent pleinement leurs passions, lui pense à aplanir leurs difficultés ! Plus tard, en procédant à une analyse rigoureuse ce qu'il découvre n'est pas du tout beau à voir.

....

Vint un jour, où tiraillé par des difficultés liées à son travail et d'autres de son domicile Mr. Itemtem ne sut plus où donner de la tête. Il est devenu un homme à abattre et tous les moyens ont été employés, avec comme crédo : la fin justifie les moyens. Et il a fallu remonter loin dans le temps pour apercevoir une mince lueur, à suivre, et qui permettra de faire sortir la vérité du puits.

Chapitre : 09

Faut-il ignorer qu'à différents niveaux il y a des individus :

--- bons et des autres mauvais ;

---- intelligents, juste pour mener un groupe de gens ignorants ;

---- qui émergent du lot et percent pour aller loin ;

---- dont le fondement de leur réussite ne peut être expliqué par la logique humaine.

Et puis encore :

---- la bonté ne vise pas toujours un but à atteindre ici- bas sinon dans un au- delà ?

---- la méchanceté est-elle vraiment gratuite ? Si celui qui la pratique est sain d'esprit ou jugé comme tel.

Mr. Itemtem a passé plus d'un demi- siècle à vouloir expliquer un comportement qui prête à équivoque. Comment, en effet, expliquer une éducation, comme qui dirait à deux vitesses ; deux poids/deux mesures ? Mr. Itemtem a mis un demi-siècle à décoder un message transmis via ce comportement et qui veut dire : tu n'es pas comme moi ; tu as emprunté un autre chemin, pour cela je vais te faire souffrir jusqu'à ce tu te rallies à ma cause, sinon jusqu'à ce que mort s'en suive.

....

Tout compte fait, le passage du dialogue intérieur, qui accompagne tout un chacun sur un itinéraire emprunté, au hasard ou murement réfléchi, intervient sous pression intense, le mal est tellement grand et l'ennemi implacable qu'il engendre une petite folie passagère susceptible de disparaitre comme elle est venue ou bien s'aggraver pour ne plus pouvoir, pour le sujet, de sortir d'un engrenage.

Mais en quoi consiste cet entretien avec soi- même à longueur de journée et tard dans la nuit ?

Le mis en cause, sujet à troubles, pose un problème qui lui tient à cœur, à l'infini. Le problème est épineux, difficile à cerner. Quand est-ce qu'il a commencé ? Lui, ne se rappelle plus, tout juste que sa situation s'est aggravée et continue à l'entrainer à la dérive, vers la folie peut-être, sauf intervention d'un quelque chose qu'on assimile à un miracle. Miracle ici veut dire, entre autres : analyse rigoureuse avec remise en question de tout ce qui a prévalu jusqu'à la prise de conscience d'une situation désastreuse, montée de toute pièce. Mr. Itemtem, en mettant du cœur à l'ouvrage et en prenant son courage à deux mains, est arrivé difficilement à fermer sa bouche. Il a juré de ne plus soliloquer, et advienne que pourra.

Chapitre : 10

La remise en cause d'un comportement qui s'est étalé dans le temps et un essai de vivre autrement en gardant dans son cœur ce qui ne va pas. Mr. Itemtem n'a jamais pensé que cette opération ressemble à une reprogrammation de son cerveau. Dans ce contexte il a fait comme se regarder dans un miroir pour voir sa physionomie grandeur nature ; il a essayé de mettre des membres de son entourage à sa place. Ainsi, il a fait intervenir, rien que dans son imaginaire, untel et un autre etc. en se posant la question : comment il aurait agi ?

Le résultat a été époustouflant !

....

Ce recours à mettre à sa place une personne de sa famille ; un voisin etc. a permis de lever le voile sur les qualités réelles de Mr. Itemtem ; il n'était plus question d'être bon ou mauvais, lesquels, lui, les cernait mal. Cependant, avec le temps sa conduite allait dévier de 180 degré. Un monde caché s'est dévoilé devant les yeux de Mr. Itemtem. Il a eu à connaitre la vraie nature d'un tas de gens, et puis faire la part des choses. Soliloquer devient donc le fruit d'une :

---- éducation qui prête à équivoque ;

---- un complexe d'infériorité ;

---- des sentiments non gérés.

....

Il est des parents que la loi divine n'autorise pas à fonder un foyer : des

gens sans foi ni loi ; des éternels célibataire qui vivent en couple. Toute une histoire est liée à leur union qui n'est pas un mariage d'amour. Elle se caractérise plutôt par une différence : d'âge ; de classe sociale ; tacitement, parfois, mari et femme s'autorisent, l'un et l'autre, un libertinage à outrance. Cependant, ce comportement doit être dissimulé, et une sévérité est observée à l'encontre
des enfants qui sont réprimés dès qu'il est question de sexe.

....

Sans foi ni loi, cela suppose une neutralité qui mène inévitablement, dans bien des cas, à une adoration de Satan. S'il s'agit de cela, l'enfant rebelle est encouragé dans son entreprise qui vise de suivre les traces de ses parents. Les autres enfants, sans histoire sont mal vus ; mal appréciés sur lesquels est déversée la rage contre l'infortune, par exemple.

Au sein d'un foyer où toutes les lois sont bafouées à outrance, ou Satan, du moins ses serviteurs du monde parallèle, circulent sans contrainte aucune, qu'elles sont les chances de : survie ; de conservation de toute sa tête ; d'une réussite sociale ? En ce qui concerne un enfant ayant mal décodé un message émanant de parents méchants, affreux et vilains, et désireux agir dans la légalité.

Chapitre : 11

La résistance de Mr. Itemtem à un appel, en bonne et due forme, à la débauche a eu comme conséquence une persécution sans cesse renouvelée. Les autres, garçons et filles, frères et sœurs, n'ont pas manqué de mettre la main à la

pâte ; il s'agissait de démoraliser un individu, à rendre fou au besoin, et plus tard à achever physiquement, à liquider. En effet, au fur et à mesure que le temps passait pour Mr. Itemtem pourrait avoir des doutes en ce qui concerne les bonnes intentions des membres de la famille ou jugés comme telles

....

Ennemis et amis...

Peut-être faut-il revenir aux saintes écritures afin d'être éclairé sur ce qui est ami et ennemi ? L'amitié repose sur une entente mutuelle et un respect. Elle est solidifiée par un intérêt. Cependant, lorsqu'il est question d'un devenir dans un au-delà, l'intérêt près cité se trouve fragilisé. Il est à souligner ici qu'une personne athée ne croyant ni en Dieu ni à Satan, n'est pas comme une autre qui emprunte une voie différente. Elle traite cette dernière d'idiote, à utiliser au besoin. L'adorateur de Satan pense agir dans le bon sens, il est aveuglé par des miracles réalisés par ce faux Dieu. La foi, la vraie ne peut élire domicile dans le cœur d'un individu qui doit son bien-être sur terre, une fortune dans bien des cas, qui lui est tombée sur la tête rien que pour avoir fait du mal à untel ; le pire des cas serait le pacte signé avec Satan.

....

Dans un milieu où le mal s'érige en force, un individu, qui a la faculté de penser et qui est à la recherche d'une vérité quelconque, est assimilé à quelqu'un qui n'a pas encore compris. On lui mène la vie dure afin de la dissuader et le faire revenir à la raison, celle dont usent la majorité des membres de la famille, la communauté etc.

Dans cette optique, Mr. Itemtem revoit son entrée à une école coranique, non pas pour apprendre les préceptes de la religion, mais pour la lui faire dégouter. A l'âge de quatre ans et demi, jeté dans un milieu pèle même, avec de garçons, presque des adultes ; qu'est-ce qu'il aurait pu faire ? Un an et demi plus tard, il rejoint l'école communale tout en continuant à fréquenter l'école coranique aux heures creuses.

Beaucoup plus tard, Itemtem est chargé de faire les provisions en nourriture, et beaucoup plus tard il devient un berger faisant paitre des moutons dans des terrains vagues ; tout cela, pendant que frères et sœurs ainés et cadets ne sont nullement concernés !

Chapitre : 12

A l'école et plus tard sur les lieux du travail Mr. Itemtem s'est senti comme dépaysé il ne comprenait pas le langage des autres et eux aussi ne saisissaient pas le sens de ses propos ; pourtant ils parlaient tous la même langue ! Autre fait important, à la maison il n'y avait ni radio récepteur ni télé ; une communication à sens unique ; des ordres à exécuter à la lettre. Et il est arrivé au jeune Itemtem de répéter des bribes de paroles entendues çà et là ; et c'était un sujet de discussion qui interdisait de les reformuler une deuxième fois du fait que c'étaient des mensonges, une perte de temps etc.

....

Que dire d'un individu qui durant longtemps n'a pas su mentir? On lui a introduit dans la tête l'idée de ne dire que la vérité ! Tel un poids il a trainé dans son sillage ce comportement qui prête à équivoque. Bien qu'à l'époque il ne pratiquait aucune religion, il était astreint d'agir dans la transparence la plus totale à tort et à raison.

Chapitre : 13

Club de gens qui soliloquent

Le téléphone ne cessa de sonner ce matin-là, jour d'ouverture du bureau affilé au club de soliloques. Il est des gens des deux sexes qui disaient être intéressés par cette initiative fort louable, susceptible d'apporter du baume aux cœurs d'un tas de gens sujets à problèmes d'ordre divers ; un espace de communication et d'échange des idées. D'autres ne sont pas allés par trente- six chemins ; ils sont malades, vivant un calvaire au quotidien, voulant chasser le naturel, il revient au galop. Toutefois, la suite de cette histoire étonnera plus d'un des plus avertis.

....

Il a fallu plus d'un mois pour ouvrir cet espace réservé à une catégorie de gens, mal connus par la société. Des gens douteux ; d'après les uns ; des fous à lier, d'après les autres. Médecins et spécialistes, jusqu'à présent, n'ont pu se prononcer sur des cas vraiment particuliers, du fait que la raison humaine repose sur des contradictions : entre quelque chose qui vous, susurre de quitter un lieu et une autre, voix intérieurs, qui vous intime de rester sur place, il y a de quoi perdre la boussole.

Néanmoins, Mr. Itemtem, avec quelques économies prélevées de sa maigre pension de retraite a loué une sorte de hangar qu'il a meublé et puis il a tenté l'aventure.

....

Les membres du club, des volontaires, devaient se réunir tous les soirs, dans la mesure du possible. L'animateur de ces réunions n'est autre que

Mr. Itemtem. Bien sûr qu'il a sollicité l'aide de spécialistes, des bénévoles voulant investir dans ce créneau, porteur de fruits, à long termes, qui vise une étude de la nature humaine ; une vie en société qui a tendance à se compliquer chaque jour d'avantage. Et qu'est-ce que le fait de soliloquer, sinon qu'un individu, citoyen de son état, qui se trouve confronté à un ou plusieurs problèmes épineux ?

....

Plus d'un pensent que la solution de leurs problèmes est liée à :
---- la pauvreté ;

----- la méchanceté des membres de leur entourage ou autres avec qu'ils ont à découdre etc.

Hélas, ce n'est pas toujours le cas. Une étude approfondie de la nature humaine est susceptible de renvoyer à scruter de lointains horizons. La richesse, elle aussi, n'est pas un produit pur, elle peut être source d'un tas d'ennuis. Riche, on a l'impression d'être différent des autres ; super intelligent ; supérieur dans bien des cas, on paye cette position d'être logé à très bonne enseigne par le moyen d'une dime afin de calmer les esprits. Le contraire serait de voir le mal partout ; de pauvres hères prêts à vous chiper votre argent. Et on rumine intérieurement puis à haute voix. Un simple regard qui se pose sur notre auguste personne, et il met le feu aux poudres, on crie au voleur !

Chapitre : 14

L'idée de créer un club privé réservé aux personnes qui soliloquent n'est pas tombée du ciel sur la tête de Mr. Itemtem. Ce dernier durant de longues années a écouté la radio, la nuit. Mais on dirait que les gens ne dorment pas ! à une heure tardive des femmes pleurent leur mauvaise étoile. Avoir un téléphone fixe et puis discuter jusqu'à perdre haleine n'est pas donné à tout le monde. Mr. Itemtem a fait remplir sa citerne de propos de tout genre. Parmi les intervenants il y avait ceux et celles qui ouvraient leur cœur en gardant l'anonymat. Quelques- uns, peut-être, ont passé le cap du dialogue intérieur. Une nuit, un jeune homme l'a formulé clairement.

....

L'ouverture du club des gens qui soliloquent a fait l'objet d'une inauguration d'un quelque chose d'une importance capitale, puisque des individus curieux se sont bousculés pour risquer un pied dans le hangar et prendre la température. Ils ont vite été évacués afin de préserver le caractère secret et ne pas étaler les problèmes des uns et des autres.

Mr. Itemtem a souhaité la bienvenue à une vingtaine de personnes tout âge confondu en ces termes :

.... La seule différence qu'il y a entre notre club ou association et d'autres tels que celles des : diabétiques ; mal voyants ; sourds et muets, est le caractère qui confère la discrétion. Un individu qui se parle à lui-même est assimilé à quelqu'un souffrant de troubles psychologiques. Quelques mots de plus, surtout mal placés, et le voilà déclaré : fou à lier ! Néanmoins, cela se soigne avec un peu de patience et d'orientation, ceci pour vous tous, présents, en mesure d'y participer.

....

Sans trop s'étaler sur un objet qui fait mal au cœur, par le fait d'être sassé et ressassé, Mr. Itemtem donne la parole à l'un des convives en le désignant du doigt : ---- Mr.... d'après votre physionomie, tout le monde s'accorde à dire que vous êtes bien portant...

---- non, les apparences sont trompeuses, je souffre énormément. Croyez-moi ou non, mais je tiens avec ma personne de longs discours, je trouve même un plaisir à le faire. Voyez-vous, je n'ai pas d'autres distractions. Vous voulez sans doute savoir quand est-ce que cela a commencé ? J'ai tendance à croire que j'ai toujours été comme ça, tellement cela remonte dans le temps. Bien sûr que je désire savoir pourquoi je suis ainsi, comparativement aux autres : membres de ma famille ; mes voisins ; des collègues de travail ; des gens que je rencontre dans la rue etc. jusqu'à cet instant je n'ai pas réussi à percer ce mystère. Oh ! que c'est marrant, un jour dans le bus, le receveur a voulu que je paye ma place, les autres voyageurs lui ont intimé l'ordre de me laisser tranquille ; j'ai ri intérieurement, puis après temps j'ai pleuré mon sort. Quelques-uns par pitié, peut-être, m'ont conseillé de revoir toute mon existence de A à Z ! Mais, c'est ahurissant !

....

Il n y a pas de fumée sans feu, certes, mais j'ai beau regardé comment se sont écoulés mes jours, sans pour ainsi dire pouvoir percer ce mystère. Je suis venu au monde, peut-être, un peu trop tard, le dernier de la grappe ; mes parents étaient déjà vieux. Mon frère ainé d'une dizaine d'années n'a pas résisté à l'appel de la débauche. Très tôt, il a fait l'école buissonnière. Rappelé à l'ordre par le plus âgé des enfants devenu jeune homme et déjà vacant à une occupation de boulanger, il a déserté le foyer familial sans donner d'adresse.

Chapitre : 15

L'histoire de Mr. Khaldoun ne s'arrête pas à ce niveau- là, le bonhomme est allé très loin. A un moment de son existence, très jeune, il a voulu avoir une occupation, sachant qu'un jour il sera appelé à fonder un foyer et avoir des enfants ; une préparation à cette nouvelle forme d'existence est plus que nécessaire. Auparavant : logé, nourri et blanchi, l'idée d'être utile à la société n'a même pas effleuré son esprit. Et qu'est-ce qu'il n'a pas fait Mr. Khaldoun ? Et au lieu et place d'observer le motus et bouche cousue qui a trait à des actions qui ne l'honorent pas, il a estimé avoir accompli quelque chose comme les douze travaux d'Hercule ! ---- Oui, j'ai été pointeur de journées travaillées par les ouvriers agricoles au domaine autogéré, et en l'espace de deux années je suis devenu riche, pas par le maigre salaire que je percevais mais de salaires d'une infinité d'ouvriers fantômes que je créais à volonté. Le président du comité de gestion ainsi que le chef de secteur étaient des gens analphabètes, quant au comptable, j'ai fait en sorte qu'il ne puisse avoir vent de cette affaire. Mais un jour ce que je n'ai pas prévu arriva.

....

Mr. Khaldoun, à chaque fois de sa énième narration à un tiers, continuait ainsi :

... je me revois faisant le tour des bars situé sur la côte du centre du pays. On ne servait généralement que de la bière. Mais comme j'ai lié amitié avec une des serveuses, elle me faisait entrer dans une petite cellule à part et elle m'arrosait de vins et de spiritueux. En un rien de temps, il n'a manqué que de voir des billets de banque avec des ails prendre le large.

Et puis, certaines fois, Mr. Khaldoun ajoutait pour, peut-être, souligner que son courage était apprécié par les uns et les autres, que le président du comité de gestion ainsi que le chef de secteur, que de fois, ils sont venus le supplier de rejoindre son poste !

Mr. Khaldoun a été remercié sans poursuite judiciaire du fait que le milieu du travail était malsain, et plus d'un, s'il y avait eu poursuite, seraient éclaboussés. Mr. Khaldoun a eu la malchance d'utiliser un individu, soi-disant de sa famille, en lui établissant un carton de pointage afin de percevoir un salaire sans un poste de travail en contre- partie. Ce dernier, d'habitude peinard, lors de la dernière opération a montré les dents et n'a pas voulu partager, il a fait
ébruiter cette affaire, du coup Mr. Khaldoun a été viré. Chapitre : 16
Plusieurs années plus tard, Mr. Khaldoun s'est marié et a commencé à avoir des enfants. Il dit, dans ce sens que jamais il n'a eu idée de ce qu'est un foyer avec une femme que se lamente à longueur de journée ; des enfants qui réclament leur bout de crouton. Et puis, il y a eu comme un renversement de la vapeur du fait qu'après avoir décroché un boulot, genre petit travail tranquille, il a voulu avoir un plus. Il a contacté un voisin de sa connaissance avec qui il a passé sa jeunesse. Ce denier a réussi à le caser en qualité de chauffeur dans une grande entreprise. Au bout de quelque temps, Mr. Khaldoun, habitué à ne rien foutre,
a pensé que chauffeur de camion de pompiers ne lui convenait pas, à la première occasion qui s'est présentée, il a été l'initiateur d'une grève pour ne pas avoir accepté une formation, jugée inutile pour une maigre rémunération.

Ironie du sort, le responsable n'a pas vu cette manifestation d'un bon œil et il a donné un questionnaire à chaque gréviste.

Mr. Khaldoun à misé sur une intervention de son voisin et ami pour réintégrer son poste de travail. Hélas, ce dernier qui, a évolué dans un sens ou un autre, a jugé cet appel au secours inopportun et a lâché son voisin. Du jour au lendemain, Mr. Khaldoun s'est retrouvé au chômage ; avec sept personnes à charge ce n'est guère facile. Commence alors, une véritable aventure où il a eu à faire tous les boulots possibles et imaginables. Il a été gardien de nuit pour un temps, il a manqué de peu d'être égorgé par des voleurs.

....

Durant mon passage à la fonction de gardien de nuit, dira-t-il, ma conscience s'est éveillée pour soliloquer ! Tout allait de pire en pis, et pour couronner le tout j'ai attrapé un cancer. Désormais, mes jours sont comptés ; le seul plaisir que j'éprouve est de ma taper un long discours avec ma personne. Mais le regard des gens perce comme une flèche mon cœur. Je pourrai ne pas en tenir compte ; ça sera le cas d'une pure folie. Puis-je m'arrêter et observer de la patience ? C'est ce qui m'a amené ici devant pour étaler mon problème, peut- être que...

Chapitre : 17

Mr. Khaldoun à lui seul s'est tapé toute une soirée, la première, celle de l'ouverture des séances organisées par l'association des gens qui soliloquent. La deuxième réunion, un certain Mr. Abdou a sollicité la parole et a entamé son allocution comme suit : ---- me parler tout, ça ne me fait ni chaud ni froid, depuis que j'ai pris conscience de l'origine de mon mal. Toutefois, une issue de secours est quelque chose comme une sortie de crise. J'ai fait comme qui dirait une sorte de découverte et cette réalité a été dure à avaler et ça demeure comme telle jusqu'à cet instant précis où je vous parle. La folie est une maladie, très grave, mais elle demeure une maladie et rien d'autre. Cependant, lorsqu'on a affaire à une personne sujette à troubles psychologiques il y a certaines précautions à prendre afin de limiter les dégâts. Qu'en est-il lorsque cette dernière couve un mal latent qui n'attend qu'une étincelle pour mettre le feu aux poudres ? Toutefois, avant cette échéance fatale, elle est susceptible de semer la zizanie et détruire tout un foyer ; éparpiller ses membres et plus encore.

....

Avec mon père---- je ne sais pas s'il convient de dire que Dieu ait son âme---- déclara Mr. Abdou nous avons tous été sidérés, était-il vraiment un athée ? Avait-il toutes ses facultés mentales ? La réponse à ces questions demande, peut-être, de le connaitre à fond. Hors, lui, évoluait dans un circuit fermé, tel un prince assis sur un trône ; il savait tout et puis donnait des ordres à exécuter et puis c'est tout !

Et j'ai fui le domicile familial, profitant d'une situation où la vie humaine n'avait plus aucune valeur. Le pays était à feu et à sang, on a cru que j'ai fait l'objet d'une disparition qui ressemblait à un tas d'autres. Mon père passa l'arme à gauche pour ne laisser que ruines derrière lui.

....

J'aurai pu, déclare Mr. Abdou, perdre les pédales tel que mes trois frères : l'un instituteur ; l'autre prof de langue ; le plus jeune, lui a voulu suivre les sciences religieuses, et cela ne l'a pas empêché de sombrer dans ce que les frères ainés ont connu.

---- le premier, instituteur, a eu tort de vouloir avoir un chez soi spacieux ; il a été sommé de construire une espèce de muraille de chine, de quoi élever plusieurs appartements, et il n'a pas tenu longtemps son cerveau perturbé. Diabétique, il est passé de l'autre côté par hypoglycémie.

----- le prof de langues a voulu s'opposer à un mariage de sa sœur. Peine perdue, malgré que cet éventuel mariage ne se soit pas réalisé, les propos que lui a tenus son père lui ont fait perdre la boussole.

Et que reste –t-il du foyer familial pour que le dernier de la grappe garde la tête sur les épaules ?

Moi, je n'ai plus trouvé de raison suffisante pour continuer à me mouvoir dans cet asile pour aliénés qui n'avaient pas de qualificatif propre. En entamant ma chienne de vie de soliloque j'ai mis les voiles.

Chapitre : 18

Et Mr. Itemtem n'a pas manqué de mettre la main à la patte. ---- il est clair, dit- il, qu'hormis quelques rares exceptions de gens qui soliloquent, sans problèmes graves, et surtout n'ayant pas le vice de claironner à ceux voulant les écouter, un étalage en bonne et due forme des richesses qu'ils détiennent bien gardées dans leurs coffres ; leurs projets d'avenir relèvent du secret professionnel. Ces gens- là sont plutôt de ceux qui ont appris leur leçon sur le bout des doigts.
Mais si c'était le cas, on aurait affaire à des aliénais irrécupérables. Mais qui croirait à leurs racontars ? Et leurs proches feront l'impossible de les maintenir en lieux clos jusqu'à ce que mort s'en suive. Avec les autres, toute catégorie confondue, il est, entre autres, question d'une personnalité qui s'en est allée pour avoir été travaillée par un ou plusieurs intervenants, souvent pour un quelconque intérêt.

....

Imaginez, continue Mr. Item tem un bâtiment mal élevé, à commencer par la qualité des matériaux qui laissent à désirer... il ne ressemble à rien sauf à des pierres superposées les unes sur les autres ; point de crépissage de murs ni de peinture qui chatouille les sens ; un simple hangar rivalise avec lui et chipe sa place du fait de son utilité, et puis ce bâti mal érigé est vide ; les issues ouvertes aux quatre vents laissent passer tout sauf le bon sens qui ne trouve pas d'écho.

Avec une personnalité faible on est à la merci de tous et plus particulièrement des aventuriers qui manquent d'exercices. On est dans un coin quelque part et on use et on abuse de nous à leur guise. A un certain moment, quelques-uns ouvrent un œil interloqué, et parfois arrivent à lever un bout de voile sur un monde dont ils ne soupçonnent même pas son existence. A ce stade, les réactions des uns et des autres varient pour, parfois, revêtir le caractère d'un individu qui part loin, de temps à autre, dans ses pensées, à ce stade là il est déconnecté de son environnement.

....

... et je passais, à tour de rôle, facilement d'un monde à l'autre ici-bas lors de mes début d'individu qui soliloque, pour arriver à poser difficilement mes pieds sur terre. Le mal est grand, c'est tout ce que je puis dire grosso modo, mais pour détailler il faudrait passer en revue toute une existence jusqu'à un passé récent, étudier tous faits et gestes et les mettre sous binocles.

Chapitre : 19

Le droit à la parole

---- je me présente : Mr. Yahki et je suis ici non pas pour étaler un problème mais pour faire part d'une réussite fulgurante de romancier.

---- ah ! vous êtes le fameux Mr. Yahki ouahdou ? Clame tout le monde présent à la réunion, mais c'est extraordinaire ; comme ça ceux qui taxent de folles les personnes de notre espèce, sauront que parfois il est quelque chose à puiser dans ce tic qui dérive vers la folie.

Le fameux Mr. Yahki manque de peu de bomber le torse et exhiber ses biceps. Et il met le temps nécessaire pour dire : --- mon intervention se veut uniquement dans ce droit à la parole dont beaucoup de gens sont privés. Comparativement à une évolution sur une voie, celle à double sens, mais une autoroute est celle qui convient le mieux à tout le monde afin d'enrichir le débat, une discussion, et aide énormément à la résolution des problèmes. Hélas, la parole est, la plupart du temps monopolisée par : un parent ; un président ; un chef de... ; un délégué de pouvoir etc.

....

La plupart du temps la parole devient quelque chose comme l'âme qui anime un corps, elle entre et sort de la bouche de celui qui la prend, l'attrape au vol sans la solliciter. Il suffit d'un seul mot lâché par hasard, par mégarde, par un prédécesseur, pour que l'autre trouve une faille pour introduire sa queue et crier au scandale.

Mr. Yahki est surement quelqu'un qui ne va pas avec le dos de la cuillère, il ne mâche pas ses mots et suit une voie bien tracée dans sa tête tout en essayant d'étoffer autant que faire se peut, en usant d'exemples vécus ou interceptés çà et là. Ainsi, il dira cela : ---- je me souviens, il y a de cela très longtemps, j'étais presque adolescent. J'ai été à une manifestation culturelle devant le siège de la commune où j'habitais. Plusieurs artistes se sont succédé pour chanter, avec entrain, la main sur le cœur, ce qu'ils pensent être utiles. Cependant, un autre a fait exception. Je revois son image devant mes yeux, un jeune homme élancé, presque un géant, et qui entame ceci : ---- eh ! toi reste là- bas tu n'as pas la parole.....un couplet qu'il répéta à perdre haleine.

A cette époque bien précise j'étais comme une vache qui voit passer un train comptant plusieurs wagons ; je n'ai perçu qu'un bruit incompréhensible. Le temps est passé, et un jour une sorte de déclic s'est produit dans ma tête

....

Lorsqu'on n'a pas le droit à la parole on bouillonne intérieurement. Il est des uns qui font tout pour extérioriser un plus d'énergie pour le canaliser à travers :

---- l'écriture de poèmes ;

---- la composition de musique ;

---- faire du théâtre ;

---- écrire des bouquins ;

---- faire du cinéma etc.

Sachant pertinemment l'impossibilité de faire entendre raison à un tiers devenu sourd muet et aveugle, leur intervention se veut d'élargir le cercle afin de toucher le plus grand nombre possible de : la famille ; la société, avec espoir d'avoir gain de cause.

Et j'ai mis longtemps, dira Mr. Yahki, pour trouver une des voies, celle de romancier.

Chapitre : 20

Mr. Yahki, lors de son intervention lors d'une des réunions qui regroupe cette catégorie de gens qui extériorisent ce qu'ils ont sur le cœur, a dit ne pas avoir mesuré des informations entassées pèle mêle dans son cerveau. Cela le torturait énormément ; une énergie inutile qui circule dans un circuit fermé engendre un échauffement genre bouffée de chaleur intermittente.

--- je la gaspillais pour rien en tenant ma bouche ouverte dans laquelle ma langue faisait des acrobaties. Tout seul je n'avais pas de dialogue intérieur pour me tenir compagnie ; je n'avais aucun projet d'avenir ; aucun but à atteindre ; aucun rêve à caresser. Alors, sans le chercher vraiment, j'ai voulu, peut-être, créer une ambiance pour marquer les lieux où je passais par le moyen d'interjections, à émettre, un premier temps. Mais cela ne s'est pas arrêté à ce stade- là.

....

Et j'ai entamé comme une carrière professionnelle de disserter sur n'importe

quoi, la tête dans les nuages. Ma situation, qui ne prêtait pas à sourire, est pour beaucoup de choses. Toutefois, le regard des gens ; des propos qui me prenaient en pitié ou carrément voulaient enfoncer le bouchon d'avantage, ont fait que je prenne la décision de la fermer, une bonne fois pour toute. Et c'est alors que je me suis mis à griffonner n'importe quoi sur papier.

....

Il a fallu faire un inventaire des informations recueillies çà et là ; les sérier telles des familles de produits et avoir une idée assez claire sur leur source. Et il n'y avait pas uniquement des mots épars. Ce que renferme un cerveau, le mien, m'a complètement déboussolé. Et j'ai risqué un pied, d'une manière timide, dans le monde de l'écriture romanesque.

Mr. Yahki continue ainsi :

Je n'ai pas idée comment procèdent mes pairs, mais moi je n'invente rien. J'ai fait intervenir des dialogues que j'ai entendus haut et fort, tout seul. De ce fait, ce dialogue à reproduire sur papiers m'a permis d'enrichir mes connaissances linguistiques et avoir une vue qui embrasse tout un univers, celui de mon environnement immédiat. Tout compte fait, sans cette fâcheuse habitude, celle de soliloquer, je n'aurai jamais fait le point avec ma personne et essayé de me situer dans l'espace et dans le temps. Les autres gens que je croyais des êtres parfaits, j'ai fait comme une découverte extraordinaire ; personne n'est parfait !

Chapitre : 21

Et les rencontres, surtout le soir, jusqu'à une date tardive de la nuit, se sont succédées, parfois monotones avec quelques petits changements. Mais un soir, un petit bonhomme, corps rond sur deux pieds tels des bâtons d'allumettes fait une entrée fracassante, il vient pour la première fois et compte, d'après ses dires, ne pas s'éterniser dans le hangar qui pue la moisissure ; il a d'autres chats à fouetter. Tous les membres du club ont vu en sa personne un malade mental. Mais pour se faire une idée précise, Mr. Itemtem a ordonné de le laisser parler, même pour dire des bêtises. Alors Mr. Khourafa prit place sur une chaise. Quelques instants puis il se mit debout et entama son récit tel un professeur de philo faisant les cents pas sur une estrade ou circulant entre les rangées de tables occupées par des étudiants des deux sexes.

---- Athémanie, est-ce que ce nom vous dit quelque chose ?

....

Et les assistants, ce soir-là, ont ri à gorge déployée. Déjà de par son nom, Mr. Khourafa qui veut dire : raconteur de blagues, ils ont pensé à une énième blague racontée par un individu qui verse dans l'utopie. La suite, toutefois, a mis la puce à l'oreille de tout un chacun pour reconsidérer son passage sur terre.

Et Mr. Khourafa embarque tout le monde présent dans une galère pour aller visiter un passé lointain. ---- quelqu'un m'a parlé de l'Amérique profonde, une cassette vidéo tournée par un photographe amateur, interdite à la vente au public, que les chercheurs de vérité en ont fait plusieurs copies et l'ont fait circuler clandestinement. L'Amérique des états fédérés, un grand pays, très riche, de l'extérieur ; l'intérieur, lui, c'est toute une paire de manches.

....

Ici comme ailleurs, des photographes amateurs ont suivi les traces de cet Américain, citoyen de son état et amateur de photos qui brisent le cœur, des gens sensibles ; les découvertes des uns sont époustouflants.

L'Athémanie, un état dans un état, à travers le monde à fait l'objet d'études de plusieurs chercheurs, à travers ces vidéos précitées. Ici la race des hommes ; la couleur de leur peau ; leur langue ou patois local etc. s'annulent pour céder la place à un comportement qui donne froid au dos.

Chapitre : 22

La vie n'est plus ce qu'elle a été il y a longtemps, disent les uns, souligne Mr. Khourafa. Ou bien certains individus se font des idées erronées ou peut-être que mon ignorance me fait vivre dans un monde qui n'a aucune relation avec la réalité. Jusqu'à l'âge de l'adolescence, on n'avait à la maison ni radiorécepteur ni télé. Des informations m'ont été distillées au compte- gouttes par mes parents. Plus tard, alors que je mettais un pied dans le monde du travail, le psychotechnicien m'a posée la question : quelle est la source de ma culture générale ? J'ai répondu par des propos empruntés à autrui qui m'ont conseillé de dire : j'écoute la radio ; je lis les quotidiens. Beaucoup plus tard, j'ai réalisé l'écart entre les autres et ma personne de retardé mental.

....

--- moi, Mr. Khourafa, j'ai plusieurs traits en commun avec un individu qui a perdu la mémoire, et par conséquent doit tout revoir et recommencer à zéro. En ce qui me concerne c'est un programme d'action sur la base duquel, normalement, je suis, comme tout un chacun, appelé à secouer le monde, avec des données faibles emmagasinées dans mon cerveau. Hélas, çà a été tout à fait le contraire. Et essuyant échec sur échec, en file indienne, j'ai comme perdu un bout de l'assurance et de ma personnalité qui va avec.

....

Je n'ai, peut-être, même pas posé un pied sur la première marche d'un escalier qui monte très haut dans la hiérarchie sociale, et me suis vu en handicapé mental, impossible d'intégrer un troupeau sans être : grugé ;

roulé dans la farine ; mené en bateau etc. telle une bête égarée, les yeux hagards, je voyais évoluer, ceux de mon âge et voisins du quartiers, et plus tard, mes collègues de travail, comme sur les planches d'un théâtre d'où j'étais exclu.

Chapitre : 23

Une réaction par rapport aux autres

Pas plus tard qu'hier, je croyais être sur la bonne voie. Et pourtant je voyais les autres membres de ma famille ; voisins etc. empruntaient un chemin sinueux ou jugé comme tel, sans trop chercher à comprendre. Il a fallu arriver à l'irréparable pour prendre une position définitivement. A la croisée des chemins je me suis planté telle une plaque de signalisation ; à interpréter chacun à sa manière. Et je me suis dit que : ---- mes parents m'ont tout appris sauf l'essentiel !

Et cela n'a pas été du tout facile pour arriver à cette conclusion, constat amer. Mais avant cela j'ai erré et j'ai presque perdu le nord.

....

Au commencement ça a été de simples mots genre interjection que je lâché de temps à autre à des moments d'extrême angoisse. J'élaborais des plans pour parvenir à des issues de secours en usant de logiques qui ne tiennent pas debout.

Toutefois, le problème, le vrai, a commencé avec mon réintégration du droit chemin... ou quelque chose à qui je crois dur comme fer. Et je suis passé par plusieurs crises successives ; la dernières m'a presque fait perdre les pédales. Et c'est à ce stade que j'ai entamé des discussions avec ma personne.

....

En plein dedans, telle une fourmi dans une fourmilière, qu'est-ce que j'aurai pu apprendre, et puis qui oserait avouer des qualités qui lui sont propres ?

……………………………… ……………………………… ……………………………

Il est question d'Athémanie et rien d'autre, souligna Mr. Khourafa. Pour arriver à cette conclusion il a fallu faire travailler ma tête en penseur en herbes et me documenter autant que faire se peut. Du coup, les longs discours que je tenais avec ma personne ont pris fin. Au lieu et place, une frousse me saisissait de temps à autre.

Nous vivons ensemble en rase campagne, éloignés les uns des autres ; dans des cités huppées dans de grandes villas et châteaux ou bien dans des immeubles, à qui mieux mieux. Et il est des familles entassées pèle mêle dans des cités dortoirs pour rejoindre un boulot ; et aussi bien dans des bidonvilles en retrait des grandes agglomérations.

On est entièrement absorbé par notre boulot qui prend tout notre temps. Durant les fins de semaines on tue ce temps à faire des provisions ; à bricoler dans notre demeure. Rares sont nos sorties pour honorer par notre présence un mariage ou accompagner un mort à sa dernière demeure. De ce fait on ne connait pas assez ou pas du tout les membres de la famille, les voisins etc.

……………………………… ……………………………… ……………………………

Mr. Khourafa continue ainsi pour dire :

… l'histoire de l'humanité enregistre à plusieurs reprises la séparation de la bonne graine de l'ivraie, et ce par l'envoi d'un apôtre ou messager de Dieu. Dans bien des cas, un savant suffit à lui seul pour éviter le courroux de Dieu, et rétablir l'ordre, un équilibre rompu. Hélas, ces derniers temps plus d'envoi d'apôtre ni de messager. Il y a une multiplication de savants en : mécanique ; en mathématiques ; en nucléaire, mais point en sciences qui ont trait à l'évolution sur terre et la création de l'univers. Du coup, la race humaine est livrée à elle-même. Satan, toute une dimension du mal, ennemi de l'être humain, saisit cette occasion, une véritable aubaine pour frapper fort, un ultime coup de grâce afin d'achever et ne laisser pas les moindres vestiges d'une quelconque civilisation.

Hier, du moins d'après ce qu'on raconte, l'ennemi était facilement décelé par : ses vêtements ; son langage ; la couleur de sa peau etc. au jour d'aujourd'hui, il partage avec vous le même espace de vie et parle la même langue ; il prétend être un fidèle serviteur du bon Dieu et se range avec vous pour accomplir la prière. Ce qu'il tente de faire de votre personne ? Un esclave à son service de jour comme de nuit. Vous lui résistez ? Il fera tout pour arriver à bout de ses peines, en pactisant avec le diable, s'il le faut.

....

Mr. Khourafa termine son intervention en faisant mention de toute une existence, la sienne, foutue en l'air, pour ne pas avoir su trier la bonne graine qui a sévi dans son environnement immédiat. Fou ? Il ne l'a jamais été, mais le mal qui lui a été fait est tellement grand qu'il s'est mis à le sasser et le ressasser, à haute voix, jusqu'à la découverte du pot a roses.

Conclusion

Entre le fait de soliloquer et avoir un grain de folie il y a tout un monde. Mais cela n'empêche pas de prendre au sérieux le premier cas. Il est des situations où plusieurs facteurs interviennent pour arriver à des cas de personnes, même si elles arrivent à s'en sortir, traineront avec elles des séquelles jusqu'à la tombe. Le dialogue intérieur est ce qu'il y a de mieux à avoir. Il peut intervenir à un âge précoce ou à un âge avancé.

Face à des problèmes d'ordre divers, mal préparé à la vie, pour avoir eu une éducation présentant de grandes lacunes, on met du temps pour réaliser ce qu'il nous arrive, et on tente de faire ce qu'il y a de mieux. Parfois, le dialogue est le dernier recours afin de parvenir à bout de nos peines. Ce n'est là qu'une auto analyse en bonne et due forme se basant sur une logique qui place d'un côté les causes et de l'autre les conséquences. Une manière, dans des cas compliqués de voir plus clair, serait, entre autres, de faire intervenir une autre personne à sa place. On se met à sa place et vice versa pour résoudre un problème auquel on est confronté. Cette approche peut avoir un air utopique, et pourtant, par expérience, elle a donné des fruits. Il est question de :

---- un manque d'assurance lié à une personnalité faible ou affaiblie par une éducation qui prête à équivoque ;

----- une maladie chronique ;

---- un repli sur soi etc.

Ce sont là des causes qui interviennent séparément ou bien elles se trouvent réunies pour chercher assistance de quelqu'un comme un surmoi. Cependant, un individu armé d'une éducation saine, ayant un esprit sain et une forte personnalité, résiste et arrive à solutionner des problèmes d'ordre général, ne sortant pas de l'ordinaire.

....

Le dialogue intérieur ressemble à une sorte de rêve à l'état d'éveil. L'individu espère voir aboutir un vœu qui lui tient à cœur. Un simple mot ou une image, et le voilà embarqué pour un voyage pour visiter des lieux et discuter avec des personnes. Et puis tout d'un coup, le voilà de retour pour poser les pieds sur terre, une réalité parfois triste.

Il arrive parfois de dire avoir entendu une voix intérieure qui suggère de faire ceci ou cela ; un sentiment qui pousse à envisager une approche, et on s'attèle à l'ouvrage en usant d'une stratégie pour parvenir à ses fins.

Celui qui soliloque, lui a dépassé ce moyen d'expression intérieur lequel pourrait voir la lumière du jour sous formes de : poèmes ; chansons ; musique et d'autres œuvres d'art.

....

Un individu qui soliloque, et tient de longs discours avec sa personne, est entré dans un autre monde. Tant qu'il garde en son esprit la crainte d'être entendu par un tiers, et que cette manie n'est pas bon signe pour sa personnalité etc. il y a toujours une possibilité de s'en sortir. Il revient progressivement à un dialogue intérieur, qui pourrait être bénéfique ; le contraire n'est autre qu'un acheminement vers la folie.

Fin

Table des matières

Printed by Books on Demand GmbH, Norderstedt / Germany